ABHANDLUNGEN DER DEUTSCHEN AKADEMIE
DER WISSENSCHAFTEN ZU BERLIN

Klasse für Mathematik, Physik und Technik

Jahrgang 1956 Nr. 2

F. KÜMMEL UND B. WINDE

DER EINFLUSS DER KONVEKTION AUF DEN HORIZONTALEN LICHTBOGEN

1957

AKADEMIE-VERLAG · BERLIN

Vorgelegt von Hrn. ROMPE in der Gesamtsitzung vom 26. April 1956
Zum Druck genehmigt am gleichen Tage, ausgegeben am 25. Februar 1957

Erschienen im Akademie-Verlag GmbH., Berlin W 8, Mohrenstraße 39
Lizenz-Nr. 202 · 100/141/57
Satz und Druck: Buchdruckerei F. Mitzlaff KG., Rudolstadt i. Thür. (692)
Bestell- und Verlagsnummer: 2001/56/I/2
Preis: DM 2,90
Printed in Germany

ABHANDLUNGEN DER DEUTSCHEN AKADEMIE
DER WISSENSCHAFTEN ZU BERLIN

Klasse für Mathematik, Physik und Technik

Jahrgang 1956 Nr. 2

F. KÜMMEL UND B. WINDE

DER EINFLUSS DER KONVEKTION AUF DEN HORIZONTALEN LICHTBOGEN

1957

AKADEMIE-VERLAG · BERLIN

Vorgelegt von Hrn. ROMPE in der Gesamtsitzung vom 26. April 1956
Zum Druck genehmigt am gleichen Tage, ausgegeben am 25. Februar 1957

Erschienen im Akademie-Verlag GmbH., Berlin W 8, Mohrenstraße 39
Lizenz-Nr. 202 · 100/141/57
Satz und Druck: Buchdruckerei F. Mitzlaff KG., Rudolstadt i. Thür. (692)
Bestell- und Verlagsnummer: 2001/56/I/2
Preis: DM 2,90
Printed in Germany

ABHANDLUNGEN DER DEUTSCHEN AKADEMIE DER WISSENSCHAFTEN ZU BERLIN

Klasse für Mathematik, Physik und Technik
Jahrgang 1956 Nr. 2

F. KÜMMEL UND B. WINDE

DER EINFLUSS DER KONVEKTION AUF DEN HORIZONTALEN LICHTBOGEN

1957

AKADEMIE-VERLAG · BERLIN

Vorgelegt von Hrn. ROMPE in der Gesamtsitzung vom 26. April 1956
Zum Druck genehmigt am gleichen Tage, ausgegeben am 25. Februar 1957

Erschienen im Akademie-Verlag GmbH., Berlin W 8, Mohrenstraße 39
Lizenz-Nr. 202 · 100/141/57
Satz und Druck: Buchdruckerei F. Mitzlaff KG., Rudolstadt i. Thür. (692)
Bestell- und Verlagsnummer: 2001/56/I/2
Preis: DM 2,90
Printed in Germany

Inhaltsverzeichnis

Inhaltsübersicht

Die von WEIZEL und ROMPE [1] [2] aufgestellte Theorie über den konvektionsgestörten Lichtbogen wird dadurch erweitert, daß als Bogenform eine Parabel angenommen und die Voraussetzung: „Die Gesamtleistung wird ausgestrahlt", fallen gelassen wird.

Trägt man einen für Leistung und Gasdruck charakteristischen Wert A über der Ausbiegung auf, so ergibt sich ein Kennfeld, in das sich die Meßergebnisse von WESTERMANN [3] befriedigend einpassen lassen.

I. Einleitung

Für einen frei brennenden Lichtbogen ist der Einfluß der Konvektion von maßgebender Bedeutung, da er einmal, insbesondere beim horizontalen Lichtbogen, die Bogenform bestimmt, zum andern in der Energiebilanz berücksichtigt werden muß. In einer Überlegung von WEIZEL und ROMPE [1] [2] wird der Bogen als Teil eines Kreises betrachtet und die Strahlung als alleiniger Träger des Leistungstransportes aus dem Bogenkern angenommen. In der vorliegenden Arbeit soll gezeigt werden, daß man diese einschränkenden Voraussetzungen fallen lassen kann und damit zu guter Übereinstimmung mit Meßergebnissen kommt, wie sie z. B. von F. WESTERMANN [3] geliefert wurden. Weiterhin wird versucht, aus der Ausbiegung, der Leistung und dem Elektrodenabstand Rückschlüsse auf die Aufteilung des radialen Leistungstransportes in der Nähe der Lichtbogenachse zu ziehen.

II. Theoretische Voraussetzungen

a) Bogenform

Die Bogenform wird durch eine Parabel angenähert:

(1) $$\frac{x}{h} = \left(\frac{z}{b}\right)^2$$

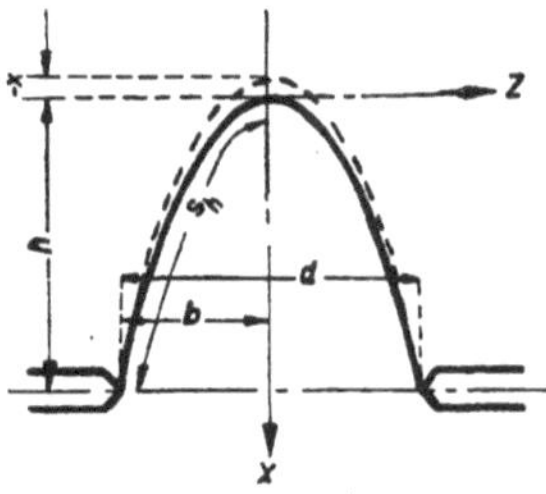

Abb. 1. Annäherung des konvektionsgestörten Lichtbogens durch eine Parabel

dargestellt durch Abb. 1. Gegenüber der in [1] angenommenen Kreisbogenform hat die Parabel den Vorteil, daß sich mit ihr auch große Ausbiegungen annähern lassen, während für den Kreisbogen die obere Grenze bei $\frac{h}{b} = 1$ liegt. Wir bestimmen Feldstärke und Leistung in der Achse des konvektionsgestörten Bogens:

1. Das Verhältnis der Feldstärke im gekrümmten zur Feldstärke im gestreckten Lichtbogen gleicher Brennspannung beträgt

(2) $$\frac{\mathfrak{E}_h}{\mathfrak{E}_b} = \frac{b}{s_h} = \frac{2}{\sqrt{1+\eta^2} + \frac{1}{\eta} \cdot ln\,(\eta + \sqrt{1+\eta^2})} = f(\eta)$$

mit $\eta = \frac{2h}{b}$.

2. Das Verhältnis der elektrischen Leistung pro cm³ in einem der Achse benachbarten Stromfaden zur elektrischen Leistung in der Achse beträgt

(3)
$$\frac{\mathfrak{E}_x^2}{\mathfrak{E}_0^2} = \frac{L_x}{L_0} = 1 - 4\,\frac{x}{b}\cdot\Phi$$

mit $\Phi = -\frac{f'(\eta)}{f(\eta)}$. Dabei soll die Abweichung ($-x$ in Abb. 1) so gering sein, daß die Änderung der Stromdichte vernachlässigbar ist.

Wesentlich für die Änderung von Feldstärke und Leistung ist die Änderung der Bogenlänge (s_h in Abb. 1) und deren Abhängigkeit von der Ausbiegung $\frac{h}{b}$. In dem in Frage kommenden Bereich ändert sich diese Abhängigkeit kaum, wenn man die Parabel durch eine ähnlich verlaufende Kurve, z. B. durch eine Kettenlinie ersetzt. Deshalb soll die Parabel als eine rechnerisch einfach zu erfassende und mit der Beobachtung gut übereinstimmende Form beibehalten werden.

b) Temperaturverteilung

In Übereinstimmung mit Weizel und Rompe [1] wird für die Verteilung der Temperatur über den Radius des Bogens an der Stelle seiner größten Krümmung eine Potenzreihe angesetzt:

(4)
$$T = T_0 - a_2\,(x^2 + y^2) + a_3 \cdot x^3.$$

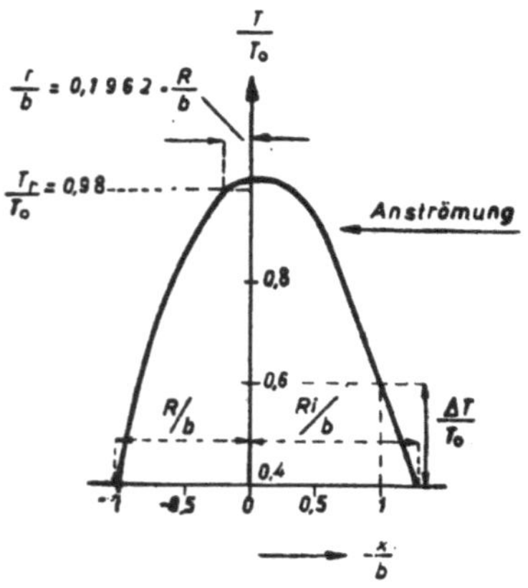

Abb. 2. Angenommene Temperaturverteilung nach Gleichung (4)

Die Skala der positiven x beginnt bei der Lichtbogenachse und verläuft gegen die Richtung der Konvektionsströmung. Die y-Achse steht in Abb. 2 senkrecht auf der Bildebene. Mit den Bezeichnungen der Abb. 2 kann man setzen:

An der Stelle $x = -R \;\ldots\; T = T_R$,

,, ,, ,, $x = +R \;\ldots\; T = T_R + \Delta T$.

Durch den von Weizel und Rompe [1] gemachten Ansatz: $\frac{\Delta T}{R} = \frac{T_0}{\varrho_0}$ und durch Bestimmung des Krümmungsradius ϱ_0 aus Gleichung (1) sind die Konstanten der Gleichung (4) festgelegt:

(5)
$$a_2 = \frac{T_0}{2\,R^2} \qquad a_3 = \frac{T_0}{b\cdot R^2}\cdot\frac{h}{b}.$$

Auf der Außenseite des gekrümmten Lichtbogens sei $x = -R$ derjenige Abstand von der Achse, in welchem die elektrische Leitfähigkeit auf 1% ihres maximalen Wertes zurückgegangen ist. Bei Gasen mit einer Ionisierungsspannung von 10–15 Volt ist dies der Fall etwa bei $T_R = 0{,}4\cdot T_0$. Die aus Abb. 2 zu entnehmende weitere Bedingung $T_R + (T_R + \Delta T) = T_0$ ergibt für die dort gekennzeichneten Größen:

(6)
$$\Delta T = 0{,}2\cdot T_0\,,$$

(7)
$$\frac{R}{b} = 0{,}1\cdot\frac{b}{h}\,,$$

(8)
$$\frac{R_i}{b} = 1{,}268\cdot\frac{R}{b}.$$

Unter obigen Annahmen wäre der Durchmesser des Lichtbogens umgekehrt proportional der Ausbiegung $\frac{h}{b}$. Abb. 2 zeigt die aus den Gleichungen (4) bis (6) sich ergebende radiale

Temperaturverteilung für $\frac{h}{b} = 0{,}1$. Die Gleichungen (7) und (8) ermöglichen es, die unter bestimmten Bedingungen sich ergebenden Hauptabmessungen horizontaler Lichtbögen abzuschätzen. In Abb. 3 wurde versucht, die Form dreier Lichtbögen mit gleichen Elektrodenabständen, aber mit verschiedenen Ausbiegungen, angenähert wiederzugeben.

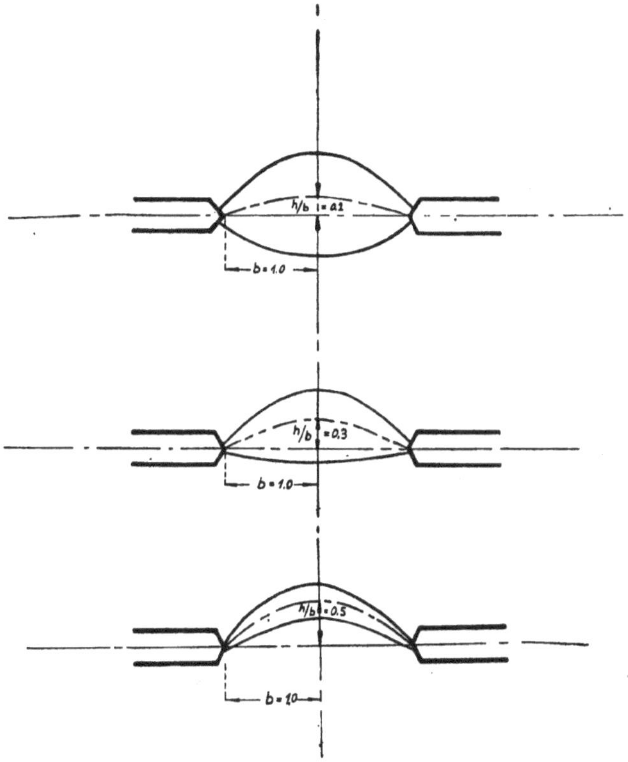

Abb. 3. Ungefähre Abmessung dreier parabelförmiger Lichtbögen mit gleichem Elektrodenabstand

c) Leistungsbilanz

Allgemein gilt für jedes Volumenelement, daß die Summe der durch Wärmeleitung, Strahlung und Konvektion abgeführten Leistung gleich der zugeführten elektrischen Leistung sein muß. Ebenso wie bei Weizel und Rompe [1] soll die durch ambipolare Diffusion abgeführte Leistung zur Wärmeleitung, die durch Neubildung von Trägern abgeführte Leistung zur Konvektion geschlagen werden. Die Leistungsbilanz pro Volumeneinheit lautet dann:

$$-\sigma_0 \left(\frac{\partial^2 T}{\partial x^2} + \frac{\partial^2 T}{\partial y^2} \right) + S_0 - v \cdot C_0 \cdot \frac{d T}{d x} = L_x, \tag{9}$$

wobei σ_0 die Wärmeleitfähigkeit, C_0 die spezifische Wärme pro cm³ ist.

Die Indizes 0 und x sollen andeuten, daß es sich um einen der Lichtbogenachse benachbarten Stromfaden handelt, der an der Stelle seiner größten Ausbiegung die geringe Abweichung $(-x)$ aufweist (siehe Abb. 1). Durch Einsetzen der Gleichungen (3) und (4) erhält man:

$$-\sigma_0 \cdot (-4 a_2 + 6 a_3 \cdot x) = S_0 + 2 \cdot v \cdot C_0 \cdot a_2 \cdot x - L_0 \cdot \left(1 - 4 \cdot \frac{x}{b} \cdot \Phi \right). \tag{10}$$

Die Trennung nach Potenzen von x ergibt:

(11) $$4 \cdot \sigma_0 \cdot a_2 = L_0 - S_0,$$

(12) $$v \cdot C_0 \cdot a_2 = L_0 \cdot \frac{2\Phi}{b} + 3 \cdot \sigma_0 \cdot a_3.$$

Beide Gleichungen werden aufgelöst nach der Geschwindigkeit v der Anströmung, wobei a_2 und a_3 nach Gleichung (5) eingesetzt werden.

(13) $$v = \frac{4 \cdot L_0 \cdot R^2}{b \cdot u}\left[\Phi + \frac{3}{4} \cdot \frac{h}{b}\left(1 - \frac{S_0}{L_0}\right)\right].$$

$u = C_0 \cdot T_0$ ist die innere Energie und L_0 die elektrische Leistung pro cm^3, beide an der Stelle, an der die Lichtbogenachse ihre größte Krümmung aufweist.

Mit dem in [1] auf Seite 60 gemachten Ansatz $v = K \cdot \frac{s \cdot T_0}{\eta_z}$, worin K ein Zahlenfaktor, s die Gasdichte und η_z die absolute Zähigkeit ist, gelangt man zu der Gleichgewichtsbedingung:

(14) $$-\frac{f'(\eta)}{f(\eta)} + \frac{3}{4} \cdot \frac{h}{b} \cdot \left(1 - \frac{S_0}{L_0}\right) = \frac{K}{4} \cdot \frac{s \cdot T_0 \cdot u \cdot b}{L_0 \cdot R^2 \cdot \eta_z}.$$

Analog Gleichung (2) wird gesetzt:

(15) $$L_0 = L_b \frac{\text{Elektrodenabstand}}{\text{wahre Bogenlänge}} = L_b \cdot f(\eta),$$

wodurch Gleichung (14) sich ändert in:

(16) $$-f'(\eta) + \frac{3}{4} \cdot \frac{h}{b} \cdot f(\eta) \cdot \left(1 - \frac{S_0}{L_0}\right) = \frac{K}{4} \cdot \frac{s \cdot T_0 \cdot u \cdot b}{L_b \cdot R^2 \cdot \eta_z} = \frac{K}{4} \cdot A.$$

Unter Annahme einer Leistungsverteilung, die innerhalb bestimmter Grenzen ähnlich bleibt in der Weise, daß zu gleichen Anteilen des Säulenquerschnitts gleiche Anteile der Stromleistung gehören, darf man $L_b \cdot R^2$ proportional $\frac{U \cdot i}{b}$ setzen. U bedeutet die Brennspannung, vermindert um die Anteile des Kathoden- und Anodenfalls, i die Stromstärke. Nimmt man ferner an, daß T_0 innerhalb der genannten Grenzen keine zu großen Änderungen erfährt, so kann s proportional $\frac{p}{T_0}$ und $u = C_0 \cdot T_0$ proportional p gesetzt werden. Damit ergibt sich aus Gleichung (16) die Beziehung:

(17) $$A \sim \frac{(p \cdot b)^2}{U \cdot i \cdot \eta_z}.$$

A ist ein Faktor, der die leicht meßbaren Größen: Druck, Elektrodenabstand und elektrische Leistung enthält. Den Verlauf dieses Faktors über der Ausbiegung $\frac{h}{b}$ zeigt Abb. 4 für zwei Werte von $\frac{S_0}{L_0}$ als Parameter. Wesentlich ist, daß A gegen Null geht, wenn $\frac{h}{b}$ unendlich wird, wobei sich die Annäherung an Null bei großem Strahlungsanteil schneller vollzieht als bei kleinem Strahlungsanteil. Demzufolge wird in Abb. 4 die Linie $\frac{S_0}{L_0} = 1$ von der Linie $A = 1$ zweimal bei endlichem $\frac{h}{b}$ geschnitten, dagegen die Linie $\frac{S_0}{L_0} = 0{,}5$ nur einmal. Ein horizontaler Lichtbogen mit hohem Strahlungsanteil (z. B. in Edelgas) müßte daher bei gleichem A mit zwei verschiedenen Ausbiegungen stabil brennen können, während bei geringem Strahlungsanteil (z. B. in Luft) zu *einem* A nur *eine* Ausbiegung zu gehören scheint. Darauf weisen experimentelle Ergebnisse hin, die in einer späteren Arbeit von Westermann und Winde mitgeteilt werden sollen.

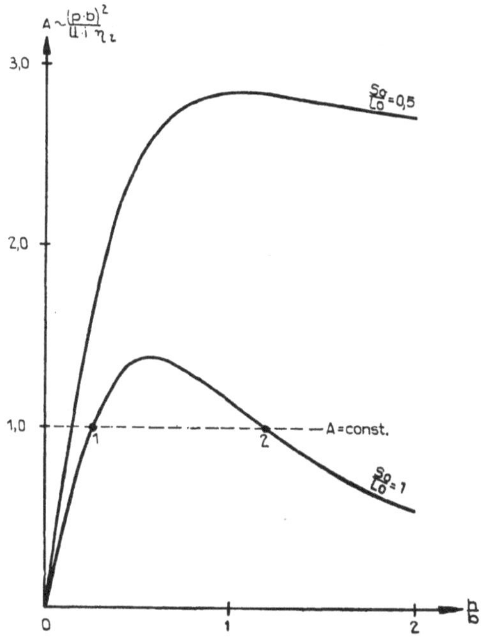

Abb. 4. Darstellung der Gleichung (16) für zwei Werte von $\frac{S_0}{L_0}$

III. Kennfeld für horizontale Lichtbögen

Eine vollständigere Darstellung als in Abb. 4 erfahren die Ergebnisse der Gleichung (16) in Abb. 5. Der Zahlenfaktor K ist willkürlich zu $\frac{3}{5}$ gewählt. Die unterste der gezeichneten Linien bezieht sich auf den Fall: Strahlungsanteil = elektrische Leistung, also $\frac{S_0}{L_0} = 1$. Im Gegensatz zu [1], wo dieser Fall als einziger behandelt wird, erfaßt die Abb. 5 alle für $\frac{S_0}{L_0}$ möglichen Werte zwischen 0 und 1. Innerhalb dieser beiden Grenzkurven liegen alle konvektionsgestörten, aber stabil brennenden, horizontalen Lichtbögen, deren jeder durch einen Punkt in Abb. 5 charakterisiert ist. Man kann daher diese Abbildung als ein Kennfeld betrachten, welches Aufschluß gibt über die prozentualen Veränderungen von:

1. Druck mal Elektrodenabstand,
2. elektrische Leistung mal Zähigkeit,
3. Abstrahlung,
4. Ausbiegung

des parabelförmig angenommenen Lichtbogens. Außer den genannten lassen sich noch andere Parameter in das Kennfeld eintragen, die einen Zusammenhang erkennen lassen:

a) zwischen Achsentemperatur und Elektrodenabstand,
b) zwischen den drei Arten des Leistungstransportes und den bisher erwähnten Parametern.

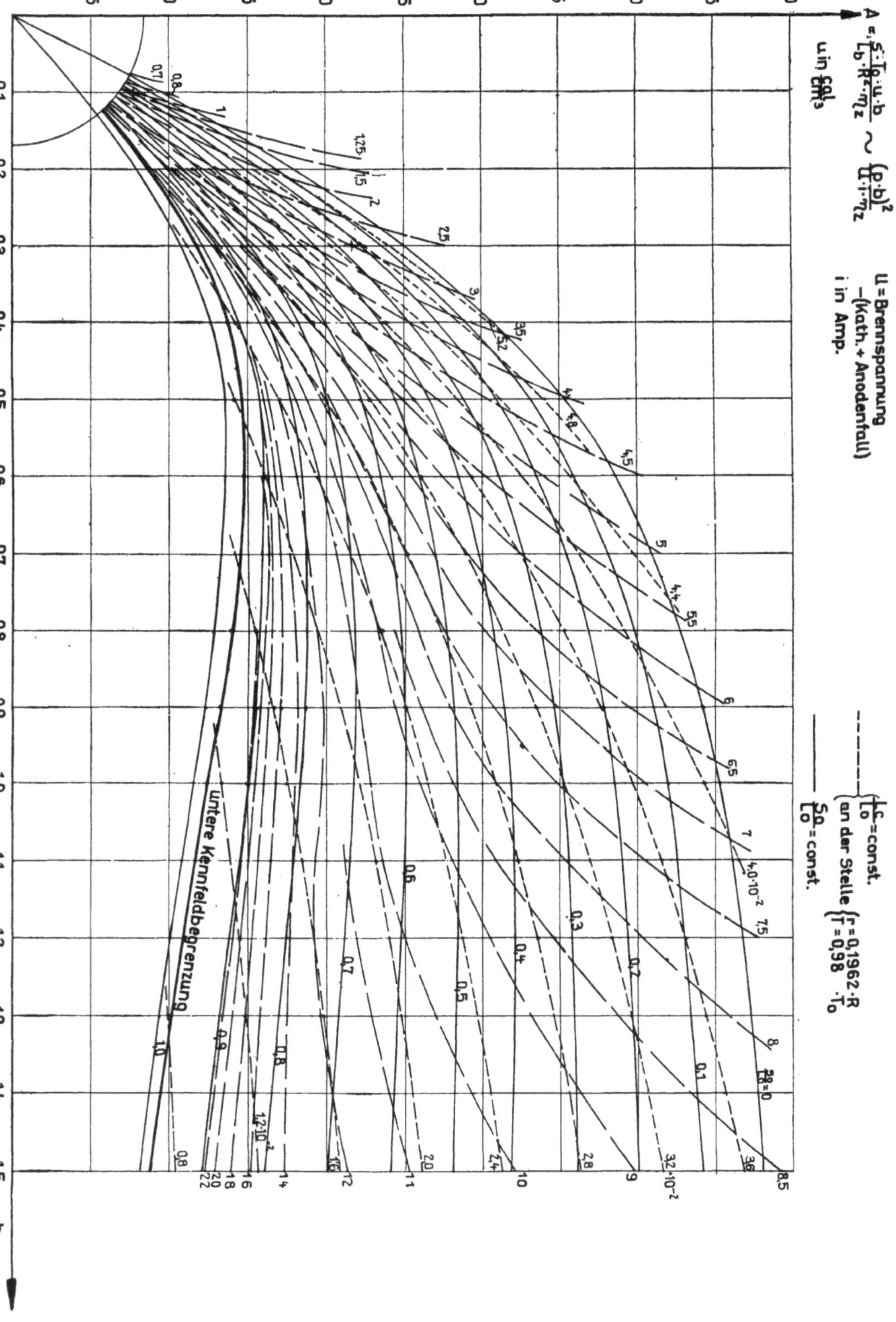

Abb. 5. Kennfeld für horizontale Lichtbögen

a) Achsentemperatur und Elektrodenabstand

In Gleichung (16) wird der Quotient $\frac{T_0}{R^2}$ mit Hilfe von (5), (11) und (15) durch folgende Proportion ersetzt:

(18) $$\frac{T_0}{R^2} = 2\,a_2 \sim \frac{L_b}{\sigma_0} \cdot \left(1 - \frac{S_0}{L_0}\right) \cdot f(\eta).$$

Mit den auf Seite 8 angegebenen Substitutionen von s und u liefern die Gleichungen (16) und (18):

(19) $$\frac{p^2 \cdot b}{T_0 \cdot \sigma_0 \cdot \eta_z} \sim \frac{A}{\left(1 - \frac{S_0}{L_0}\right) \cdot f(\eta)}.$$

Gleichung (19) ermöglicht die Eintragung der Linien $\frac{p^2 \cdot b}{T_0 \cdot \sigma_0 \cdot \eta_z} = \text{const.}$ in das Kennfeld der Abb. 5. Für frei brennende Bögen mit $p = \text{const.}$ wären das die Linien konstanten Elektrodenabstandes in einem angenommenen Bereich konstanter Achsentemperatur. In diesem Bereich verschöbe sich der Kennfeldpunkt auf einer der genannten Linien in Richtung nach links unten, wenn die elektrische Leistung bei gleichem Elektrodenabstand stetig zunähme. Da in Wirklichkeit T_0 nie absolut konstant bleibt, weicht der Punkt nach links oder rechts von der genannten Linie ab, je nachdem $T_0 \cdot \sigma_0 \cdot \eta_z$ größer oder kleiner wird. Dabei kann eine Zunahme von T_0 eine Abnahme des obigen Produktes zur Folge haben, weil bei Luft σ_0 sich in manchen Bereichen gegenläufig zu T_0 ändert (vgl. Maecker [4], Abb. 19).

b) Aufteilung des Leistungstransportes

Die Summe der Anteile von Konvektion und Wärmeleitung kann für keinen Punkt des Kennfeldes größer sein als der Wert $\left(1 - \frac{S_0}{L_0}\right)$

(20) $$\frac{L_c}{L_0} + \frac{L_\sigma}{L_0} \leqq \left(1 - \frac{S_0}{L_0}\right).$$

Die durch Konvektion aus der Volumeneinheit transportierte Leistung ist nach Gleichung (9):

(21) $$L_c = -v \cdot C_0 \cdot \frac{dT}{dx}.$$

In der Lichtbogenachse ist $\frac{dT}{dx} = 0$. Es muß also eine Zone mit endlichem r gefunden werden, in deren Innerem

1. ein noch konstantes C_0 und
2. ein endlicher Mittelwert von $\frac{dT}{dx}$

besteht. Vorbehaltlich einer späteren, zweckmäßigeren Festlegung sei zunächst $T_r = 0{,}98 \cdot T_0$ und damit $r = 0{,}1962 \cdot R$ gewählt, wie in Abb. 2 eingezeichnet. Der dazugehörende mittlere Temperaturgradient wird

(22) $$\left(\frac{dT}{dx}\right)_{-r}^{0} = -\,0{,}102 \cdot \frac{T_0}{R}.$$

Unter Verwendung der Gleichungen (7), (15), (16) und (22) erhält man für den ersten Summanden in Gleichung (20):

(23) $$\frac{L_c}{L_0} = \frac{A}{163 \cdot f(\eta)} \cdot \frac{b}{h}.$$

Diese Abschätzung liefert den Anteil der Konvektion am axialen Leistungstransport aus der oben festgelegten Zone $0 > x > (-r)$. Erwartungsgemäß fällt dieser Anteil sehr klein aus, wie aus der Bezifferung der in Abb. 5 eingetragenen Kurvenschar $\frac{L_c}{L_0} = \text{const.}$ zu ersehen ist.

Für den auf die Wärmeleitung entfallenden Rest ist nach Gleichung (9) als Mindestwert zu setzen:

(24)
$$L_{\sigma_{\min.}} = -\sigma_0 \cdot \frac{d^2 T}{d x^2} \cdot$$

Die Gleichungen (4), (5), (7) und (11) ergeben für die oben definierte, achsennahe Zone:

(25)
$$\frac{L_\sigma}{L_0} \geqslant 0{,}55886 \cdot \left(1 - \frac{S_0}{L_0}\right).$$

In Verbindung mit (20) führt Gleichung (25) zu der Forderung:

(26)
$$\frac{L_c}{L_0} \leqslant 0{,}44114 \cdot \left(1 - \frac{S_0}{L_0}\right).$$

Diejenigen Punkte des Kennfeldes, für die Gleichung (26) nicht gilt, scheiden aus der Betrachtung aus. In Abb. 5 liegen sie unterhalb der stark ausgezogenen Linie. Diese stellt deshalb eine wahrscheinliche Grenze dar, an der das Kennfeld abgebrochen werden muß.

IV. Vergleich mit Meßergebnissen

Mit der Einordnung von Meßergebnissen in das Kennfeld der Abb. 5 verfolgen wir einen doppelten Zweck:

Erstens wollen wir das Verhalten der Achsentemperatur innerhalb eines bestimmten Leistungsbereichs prüfen.

Zweitens soll die ungefähre Aufteilung des axialen Leistungstransportes in der achsennahen Zone ermittelt werden.

Ausgegangen wird in beiden Fällen von den Meßwerten des Elektrodenabstandes, des Gasdruckes, der Ausbiegung und der elektrischen Leistung. Da es sich um die elektrische Leistung der Bogensäule handelt, ist von der Brennspannung der Kathoden- und Anodenfall abzuziehen. In Übereinstimmung mit v. Engel und Steenbeck [5] wurden bei den vorliegenden Auswertungen 20 Volt abgezogen. Den Ausführungen auf Seite 11 entsprechend sollten Meßreihen mit konstantem Elektrodenabstand im Vordergrund des Interesses stehen. Leider enthält das in [3] verfügbare Material keine solche Meßreihe, sondern nur solche mit $i = \text{const.}$ Daher mußte eine Umrechnung auf $p^2 \cdot b = \text{const.}$ vorgenommen werden.

Folgende Anordnungen sind in [3] experimentell untersucht worden:

1. Frei brennender Lichtbogen zwischen horizontal angeordneten Elektroden in Luft von atmosphärischem Außendruck.
2. Horizontaler Lichtbogen in geschlossener Glaskugel von 15 cm Durchmesser, brennend in Luft von veränderlichem Druck.
3. und 4. Horizontale Lichtbögen in beiderseits offenen Glaszylindern mit Durchmessern von 5,6 und 7,4 cm, sonst wie unter 1.

Die Versuchsreihen 3 und 4 scheiden aus den vorliegenden Betrachtungen aus, da die über den Lichtbogen geschobenen Glaszylinder die Ausbiegung störend beeinflussen können.

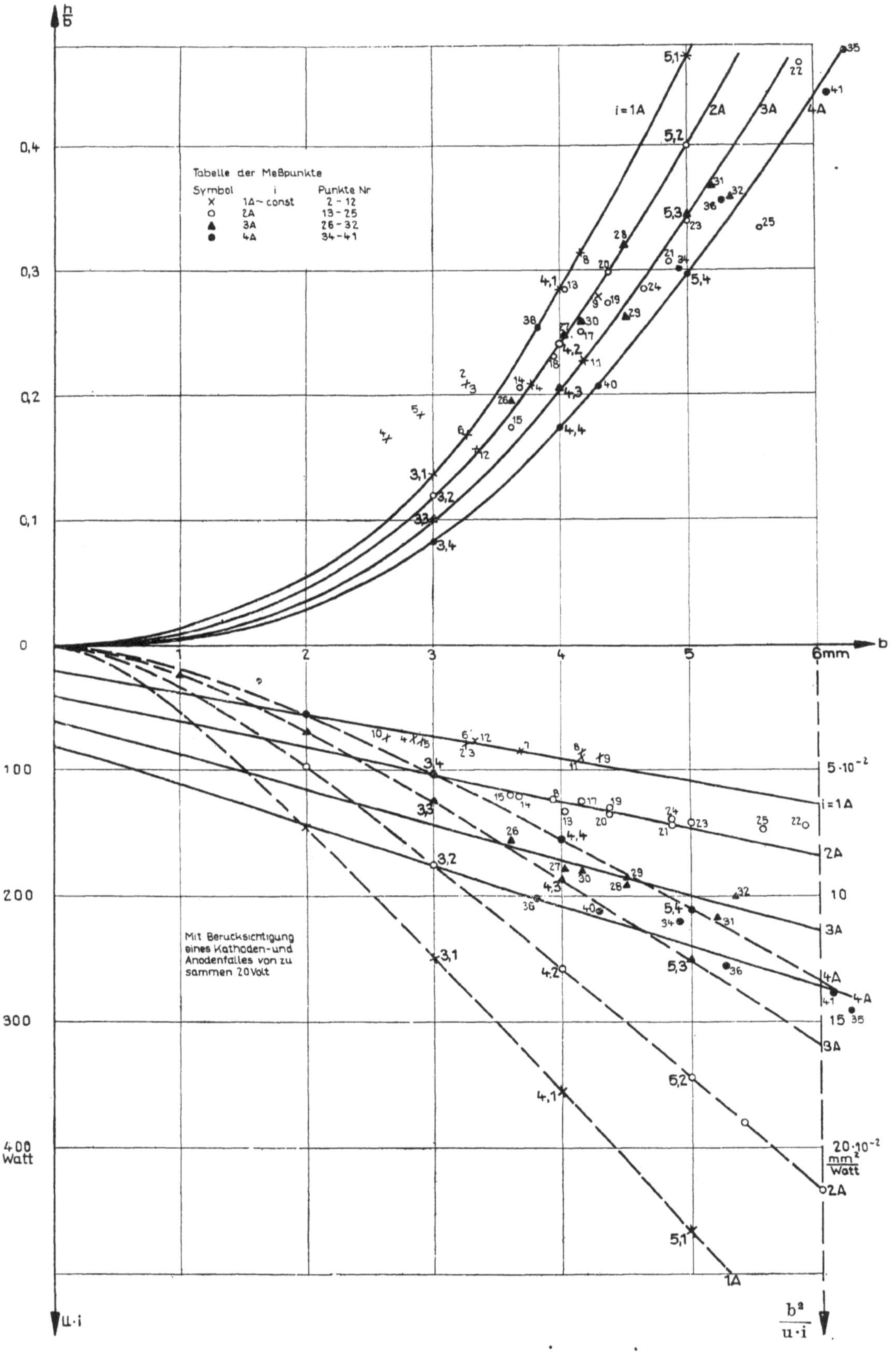

Abb. 6. Horizontaler, frei brennender Kohlelichtbogen in Luft. $p = 1$ ata
Auswertung der Versuchsreihe 1 der Arbeit von Westermann [3]

Versuchsreihe 1: Frei brennende Lichtbogen

Der in Abb. 6 durchgeführten Auswertung werden drei Meßreihen mit $b = 3 \ldots 4 \ldots 5$ mm entnommen. Da p konstant ist und $T_0 \cdot \sigma_0 \cdot \eta_z$ konstant angenommen wird, müßte jede dieser Meßreihen in Abb. 5 auf einer Linie $\frac{p^2 \cdot b}{T_0 \cdot \sigma_0 \cdot \eta_z} = \text{const.}$ liegen. Die in Abb. 7 vorgenommene Übertragung weist jedoch geringe Abweichungen auf, aus denen sich der in

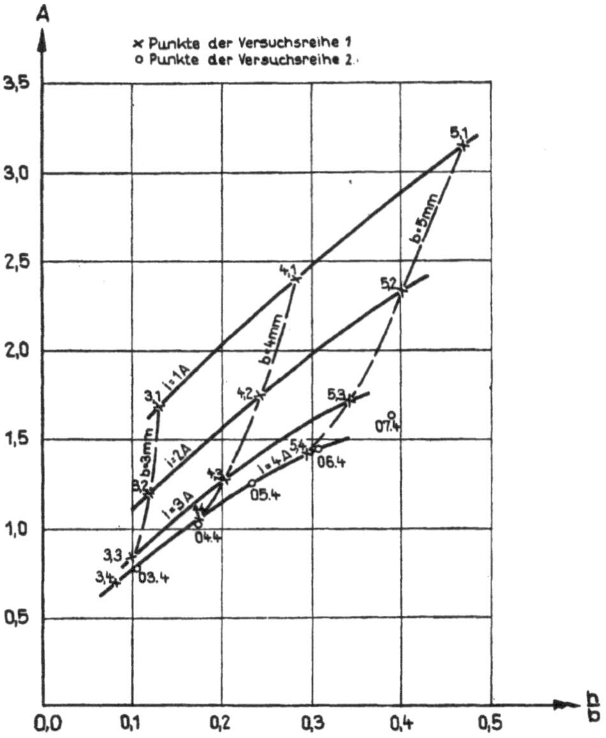

Abb. 7. Übertragung der Versuchsreihe 1 und 2 in Abb. 5

Abb. 8 dargestellte Verlauf von $T_0 \cdot \sigma_0 \cdot \eta_z$ über der Stromstärke i bestimmen läßt. Die drei Kurven dieser Abbildung zeigen, daß man eine Konstanz des obigen Produktes und damit der Achsentemperatur T_0 für einen gewissen Leistungsbereich annehmen kann. Leider erstrecken sich die Messungen [3] nicht auf so hohe Leistungen, daß ein stärkerer Anstieg von T_0 bemerkbar wird.

Die ungefähre Aufteilung des Leistungstransportes aus der achsennahen Zone ergibt sich durch Übertragung der Abb. 7 in Abb. 5. In Tabelle 1 sind die Ergebnisse zusammengestellt.

Als Ergebnis der Versuchsreihe 1 läßt sich feststellen: Bei konstantem Elektrodenabstand und steigender Leistung streckt sich der Lichtbogen. Bis zu einer Leistungsgrenze, die hier nicht bestimmt werden

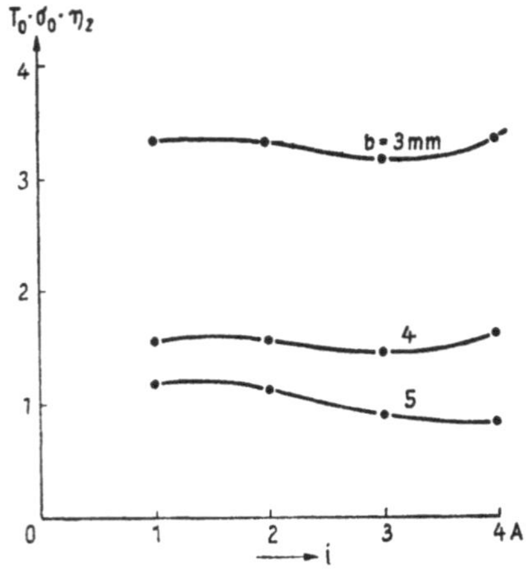

Abb. 8. Ergebnis der Übertragung der Versuchsreihe 1 in das Kennfeld der Abb. 5

kann, bleibt die Temperatur in der Lichtbogenachse annähernd konstant. Der Anteil der Strahlung am Leistungstransport aus der achsennahen Zone nimmt zu, der Anteil der Konvektion nimmt ab.

Tabelle 1
(Versuchsreihe 1)

	$b = 3$ mm		$b = 4$ mm				$b = 5$ mm			
i in Amp →	3	4	1	2	3	4	1	2	3	4
Strahlung	0,17	0,2	< 0,01	0,30	0,55	0,60	0,13	0,40	0,66	0,75
Konvektion	0,05	0,05	0,05	0,05	0,04	0,04	0,05	0,04	0,03	0,03
Wärmeleitung . . .	0,78	0,75	0,95	0,65	0,41	0,36	0,82	0,56	0,31	0,22

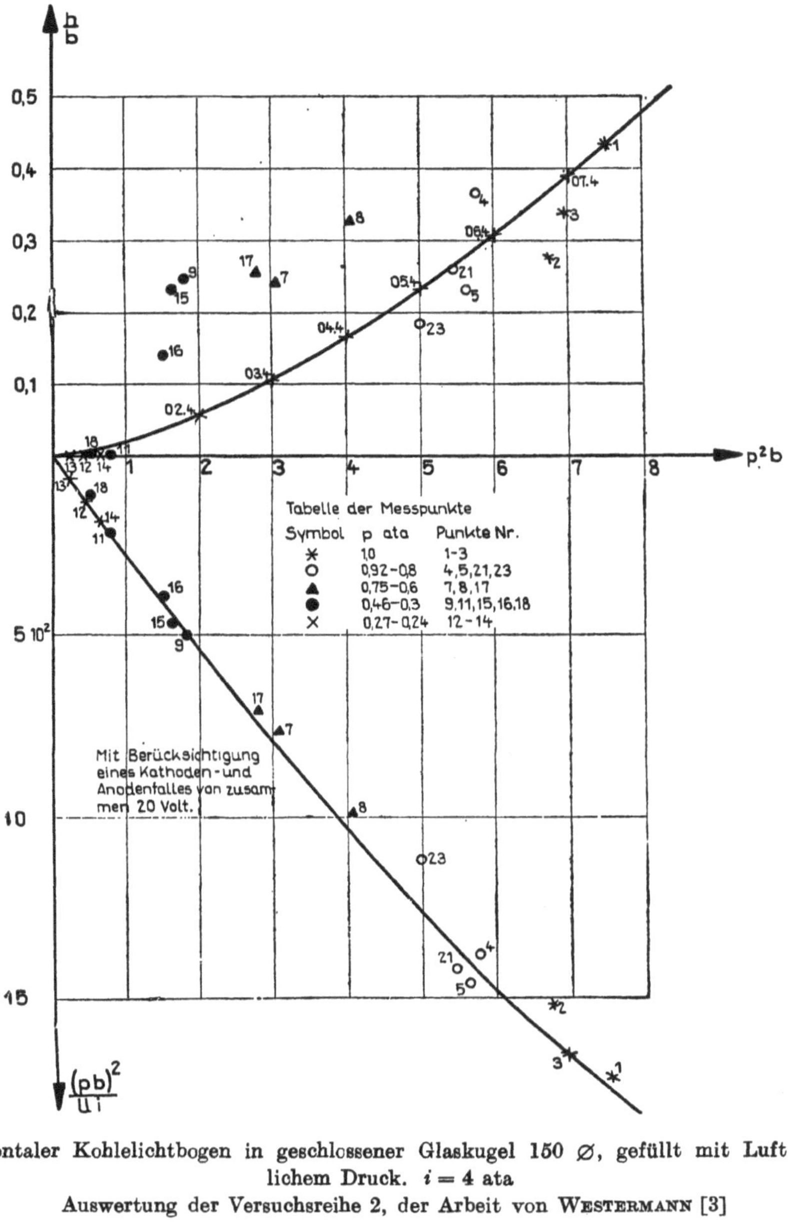

Abb. 9. Horizontaler Kohlelichtbogen in geschlossener Glaskugel 150 ∅, gefüllt mit Luft von veränderlichem Druck. $i = 4$ ata
Auswertung der Versuchsreihe 2, der Arbeit von WESTERMANN [3]

Versuchsreihe 2: Lichtbogen in geschlossener Glaskugel von 15 cm Durchmesser, enthaltend Luft von veränderlichem Druck

Die der Arbeit von WESTERMANN [3] entnommenen Meßwerte sind in Abb. 9 zusammengestellt. Als Abszisse erscheint dort $p^2 \cdot b$, da diesmal p veränderlich ist. Vorhanden ist nur *eine* Linie mit $i = 4A$. Die Übertragung dieser Linie in Abb. 7 geschieht in der Weise, daß *einer* ihrer Punkte auf die Linie $i = 4A$ der vorigen Versuchsreihe gelegt wird. Die übrigen Punkte fallen dann automatisch auf diese Linie oder in deren unmittelbare Nähe (Punkte 03.4—07.4 in Abb. 7).

Die Abhängigkeit der Ausbiegung von der Stromstärke ist bei dieser Versuchsreihe *nicht* ermittelt werden. Für die Aufteilung des Leistungstransportes ergeben sich etwa folgende Werte:

Tabelle 2

(Versuchsreihe 2) $i = 4A =$ const.

In Abb. 7 Punkt Nr.	03,4	04,4	05,4	06,4	07,4
Strahlung	0,35	0,58	0,7	0,76	0,78
Konvektion	0,04	0,04	0,03	0,03	0,03
Wärmeleitung . . .	0,61	0,38	0,27	0,21	0,19

Aus Tabelle 2 und Abb. 5 ist abzulesen, daß der Anteil der Strahlung ansteigt mit dem Druck und mit dem Elektrodenabstand.

V. Zusammenfassung

Ungeachtet der Vereinfachungen und speziellen Voraussetzungen, unter denen die vorliegenden Betrachtungen über den horizontalen Lichtbogen angestellt wurden, fällt der Vergleich der theoretischen mit den experimentellen Ergebnissen befriedigend aus. Die Anwendbarkeit auf Lichtbögen höherer Leistung und auf Edelgasbögen soll im besonderen Hinblick auf die hierbei möglichen Unstabilitäten in einer späteren Arbeit geprüft werden.

Herrn Prof. Dr. ROMPE danken wir für wertvolle Diskussionen, Herrn WESTERMANN für die Überlassung seiner Meßergebnisse.

Literaturverzeichnis

[1] W. WEIZEL und R. ROMPE: Theorie elektrischer Lichtbögen und Funken. Leipzig 1945.
[2] W. WEIZEL: Über den Einfluß der Konvektion auf einem Lichtbogen. Z. Physik **122,** 620 (1944).
[3] FR. WESTERMANN: Konvektionsgestörte Lichtbögen (noch nicht veröffentlicht).
[4] H. MAECKER: Der elektrische Lichtbogen. Erg. exakt. Naturwiss. **25,** 293 (1951).
[5] A. v. ENGEL und M. STEENBECK: Elektrische Gasentladungen. Springer 1934. Band 2, Seite 135.

FSC
www.fsc.org
MIX
Papier | Fördert gute Waldnutzung
FSC® C083411

Kolibri 360 GmbH
Ferdinand-Jühlke-Straße 7
99095 Erfurt, Deutschland
produktsicherheit@kolibri360.de